Sanjay Srivastava

Um novo conceito de sinterização de halogenetos

Sanjay Srivastava

Um novo conceito de sinterização de halogenetos

Imprint

Any brand names and product names mentioned in this book are subject to trademark, brand or patent protection and are trademarks or registered trademarks of their respective holders. The use of brand names, product names, common names, trade names, product descriptions etc. even without a particular marking in this work is in no way to be construed to mean that such names may be regarded as unrestricted in respect of trademark and brand protection legislation and could thus be used by anyone.

Cover image: www.ingimage.com

This book is a translation from the original published under ISBN 978-620-2-30669-0.

Publisher:
Sciencia Scripts
is a trademark of
Dodo Books Indian Ocean Ltd. and OmniScriptum S.R.L publishing group

120 High Road, East Finchley, London, N2 9ED, United Kingdom
Str. Armeneasca 28/1, office 1, Chisinau MD-2012, Republic of Moldova, Europe
Printed at: see last page
ISBN: 978-620-8-14376-3

Índice

Prefácio

O objetivo deste livro é ajudar os estudantes de pós-graduação e de engenharia em tecnologia de sinterização e disciplinas relacionadas com a sinterização de materiais que contêm ferro, para serem utilizados no fabrico de aço.

Durante o processo de sinterização, ocorrem alterações na microestrutura devido à decomposição ou às transformações de fase. Durante a sinterização, ocorrem normalmente três alterações principais. O tamanho do grão aumenta, a forma dos poros e o tamanho dos poros alteram-se. O resultado é uma diminuição da porosidade após a sinterização.

A sinterização é um processo pelo qual uma mistura de minérios de ferro, fundentes e coque é aglomerada numa instalação de sinterização para fabricar um produto sinterizado com uma composição, qualidade e granulometria adequadas para ser utilizado como material de carga no alto-forno.

Este processo é estudado e investigado na indústria siderúrgica em geral e nas instalações de sinterização em particular, bem como nas universidades e centros de investigação metalúrgica em todo o mundo.

Como resultado desta investigação e da experiência acumulada ao longo de muitos anos, o processo de sinterização é bem compreendido. No entanto, apesar deste bom conhecimento da sinterização, há ainda uma série de questões que precisam de ser estudadas.

O presente trabalho fornece informações sobre os minérios de ferro que fazem parte da mistura mineral que, uma vez granulada, é carregada no cordão de sinterização onde é parcialmente fundida a uma temperatura entre 1250-1350 °C e sofre uma série de reacções que dão origem à formação de sinterização; um material com uma composição e resistência adequadas para ser carregado no alto-forno para produzir ferro gusa.

Sanjay Srivastava

Um novo conceito de sinterização de halogenetos

Sinterização: Processo de finos de minério de ferro

As instalações de sinterização estão normalmente associadas à produção de metal quente em altos-fornos em instalações siderúrgicas integradas. O processo de sinterização é basicamente uma etapa do processo de pré-tratamento durante a produção de ferro para produzir material de carga denominado sinter para o alto-forno a partir de finos de minério de ferro e também de resíduos metalúrgicos (poeiras recolhidas, lamas e escamas de laminagem, etc.).

A tecnologia de sinterização foi originalmente desenvolvida com o objetivo de utilizar o ferro, os resíduos metalúrgicos de uma fábrica de aço e os finos de minério de ferro do alto-forno. Mas atualmente o foco mudou. Atualmente, o processo de sinterização tem como objetivo produzir uma carga de alta qualidade para o alto-forno. Atualmente, o sinter é a principal carga metálica para um grande alto-forno.

O princípio da sinterização

O princípio da sinterização envolve o aquecimento de finos de minério de ferro juntamente com fundentes e finos de coque ou carvão para produzir uma massa semi-fundida que se solidifica em pedaços porosos de sinter com as caraterísticas de tamanho e resistência necessárias para alimentar o alto-forno. É basicamente um processo de ag omeração obtido através da combustão.

O produto Sinter

O produto do processo de sinterização é designado por sinter e tem uma boa qualidade
caraterísticas.

1. Análise química
2. Distribuição granulométrica
3. Redutibilidade
4. Resistência à sinterização

As propriedades típicas do sinter são as seguintes

Sr. No.	Item	Unit	Value
1.	Fe	%	56.5 to 57.5
2.	Feo	%	6.0-8.0
3.	SiO2	%	4.0 to 5.0
4.	Al2O3	%	1.8 to 2.5
5.	CaO	%	7.5 to 8.5
6.	MgO	%	1.6 to 2.0
7.	Basicity (CaO/SiO2)		1.7 to 2.9
8.	ISO Strength (+6.3mm)	%	>75
9.	RDI (-3 mm)	%	27-31
10.	Fe	%	56.5 to 57.5

O produto sinterizado é mostrado na Figura...

Sinterização

Vantagens da adição de fluxo ao sinterizado

Os sinteres são classificados em sinteres ácidos, sinteres autofluxantes e sinteres superfluxantes. O sínter autofluxante fornece a cal necessária para fundir os seus componentes ácidos (SiO2, Al2O3). O sínter superfluxado traz CaO extra para o alto-forno. No caso do sínter autofluxante e do sínter superfluxante, a cal reduz a temperatura de fusão da mistura e a uma temperatura relativamente baixa. No caso do sínter autofluxante e superfluxante, a cal reduz a temperatura de fusão da mistura e a temperaturas relativamente baixas (1100 a 1300 graus C) formam-se ligações fortes na presença de FeO. As vantagens da adição de fundente ao sínter são as seguintes

- Gera escórias com as impurezas presentes nos minérios de ferro e nos combustíveis

sólidos, produzindo uma matriz adequada para a coesão das partículas
- Melhora as propriedades físicas e metalúrgicas do sínter
- Reduz a temperatura de fusão da mistura de minério de ferro
- Promove a reação de calcinação do calcário ($CaCO_3$ = CaO + CO_2) fora do alto-forno, poupando assim o consumo de calor no alto-forno.

O processo

O processo de sinterização começa com a preparação das matérias-primas, que consistem em finos de minério de ferro, fundentes, resíduos metalúrgicos da fábrica, combustível e finos de retorno da instalação de sinterização. Estes materiais são misturados num tambor rotativo e é adicionada água para obter uma aglomeração adequada da mistura de matérias-primas. Esta aglomeração apresenta-se sob a forma de micro-pellets. Estas micro-pellets ajudam a obter uma permeabilidade óptima durante o processo de sinterização. Estas micro-pellets são depois transportadas para a máquina de sinterização e carregadas.

Uma camada de sinter de tamanho controlado (cama) é introduzida no fundo das grelhas da máquina de sinterização para proteção das grelhas. Em seguida, os microgrânulos humedecidos da mistura de matérias-primas são alimentados e nivelados.

Depois de o material ser nivelado na máquina de sinterização, a superfície do material carregado na máquina de sinterização é inflamada utilizando queimadores a gás ou a óleo. O ar é aspirado através do leito móvel, provocando a combustão do combustível. A velocidade da máquina de sinterização e o caudal de gás são controlados para garantir que a "queima" (ou seja, o ponto em que a camada de combustível em combustão atinge a base do cordão) ocorre imediatamente antes de o sinter ser descarregado. Durante o movimento da máquina, a sinterização do leito de material na grelha prossegue para baixo. O circuito de gás residual deve ser totalmente estanque, não permitindo que o ar da atmosfera seja aspirado pelo sistema. Isto resulta numa poupança de energia no circuito de gases residuais.

No final da máquina, o material sinterizado sob a forma de bolo é descarregado no triturador de sinterização a quente. Aqui, o bolo de sinterização quente é triturado até atingir um tamanho máximo de partícula pré-determinado. A partir daqui, o sínter é descarregado no arrefecedor de sínter, que pode ser um arrefecedor em linha reta ou circular. Após o arrefecimento, o sinter é transferido para a secção de crivagem.

Na secção de crivagem, o produto sinterizado, a cama e os finos de retorno são separados. Os finos de retorno, não adequados para o processamento a jusante, são transportados para um contentor para serem reciclados no processo de sinterização.

Os gases residuais são tratados para a remoção de poeiras num ciclone, num precipitador eletrostático, num purificador ou filtro de tecido.

O fluxo do processo da fábrica de sinterização é mostrado na Fig

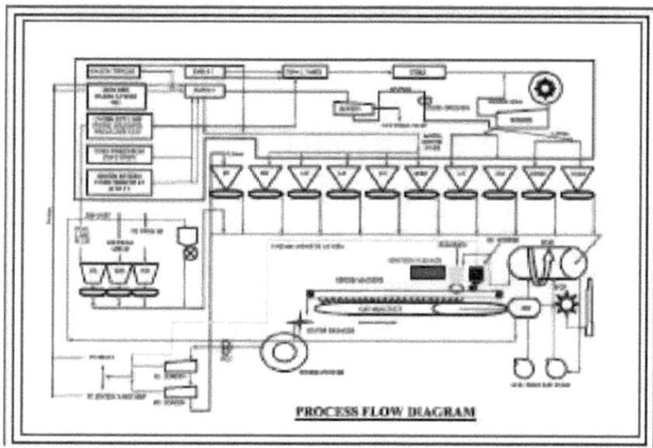

Fluxo do processo numa instalação de sinterização

A flexibilidade do processo de sinterização permite a conversão de uma variedade de materiais, incluindo finos de minério de ferro, poeiras capturadas, concentrados de minério e outros materiais contendo ferro de pequeno tamanho de partícula (por exemplo, escamas de moinho) num aglomerado semelhante ao clínquer.

Questões importantes relacionadas com o sinter e as instalações de sinterização

1. A utilização do sinter reduz a taxa de coque e aumenta a produtividade do alto-forno
2. O processo de sinterização ajuda a utilizar os finos de minério de ferro (0-10 mm) gerados durante as operações de extração de minério de ferro

3. O processo de sinterização ajuda a reciclar todos os resíduos de ferro, combustível e fundentes da siderurgia.
4. O processo de sinterização utiliza gases derivados da siderurgia.
5. O sinter não pode ser armazenado durante muito tempo, uma vez que gera um excesso de finos durante o armazenamento prolongado
6. O sinter gera finos excessivos durante o manuseamento múltiplo

Utilização da sinterização

Uma instalação de sinterização transforma matéria-prima de grão fino em sinterização de minério de ferro de grão grosso para carregar o alto-forno. É constituída por diferentes secções, cada uma das quais desempenha um papel diferente na preparação da matéria-prima para o carregamento do alto-forno. Neste módulo, ficará a conhecer o processo de sinterização - a necessidade de sinterização, princípios e mecanismos, os tipos de sinterização, as secções de uma instalação de sinterização e as suas secções eléctricas e instrumentação.

Objectivos
> Definir Sinterização
> Definir Aglomeração
> Explicar a necessidade de sinterização
> Descrever os diferentes tipos de sinters e as suas utilizações
> As vantagens da utilização de sinterização num alto-forno
> Conhecer as entradas de materiais e as proporções em que são utilizados numa instalação de sinterização
> Nomear cada secção de uma instalação de sinterização
> Descrever o transporte de várias matérias-primas
> Descrever o sistema de dosagem de cal
> Descrever o tambor de mistura e de nodulização
> Descrição do forno de ignição
> Descrever a máquina de sinterização
> Descrever o funcionamento do sistema de gás de processo
> Descrever o funcionamento do arrefecedor de sinterização
> Descrever o manuseamento do produto sinterizado
> Definir o despoeiramento do centro

Fábrica de sinterização

Fábrica de sinterização

Sinterização:

Definição 1
A sinterização é o processo de aglomeração de finos de minério de ferro numa massa dura porosa por fusão incipiente devido ao calor gerado dentro da própria massa.

Definição 2

A sinterização é o processo de aglomeração, em que o calor é produzido pela combustão de combustíveis sólidos em leitos móveis de partículas soltas, ou seja, minério de ferro e outras matérias-primas, para as aglomerar numa massa porosa compacta.

Sinterização: Aglomeração

O aglomerado é uma massa porosa, redutível e dura.

A aglomeração é definida como o processo de preparação de grumos porosos, redutíveis e duros a partir de matérias-primas de tamanho fino.

O processo de aglomeração é classificado da seguinte forma:

- Briquetagem
- Nodulização
- Sinterização
- Paletização

Sinterização: Necessidade

A massa porosa, designada por sinterização, é utilizada nos altos-fornos como material que contém ferro, material de carga preparada para a produção de metal quente, pelas seguintes razões

Utilizar os finos gerados durante as operações de extração ou na produção da fábrica.
Utilizar diferentes aditivos que se adaptam às necessidades químicas do alto-forno, como escamas de moagem, poeiras de combustão, poeiras de filtros de mangas, finos de cal rejeitados, escórias LD, lamas LD, etc., gerados numa siderurgia integrada.
Para produzir metal quente com melhor consistência na qualidade.
Reduzir o custo do metal quente através da redução da taxa de coque.
Aumentar o desempenho e a produtividade do alto-forno.

Sinterização: Princípios

A sinterização é efectuada através da combinação de uma mistura verde feita de finos de minério de ferro com fundentes
finos de coque como combustível sólido finos de retorno de sinterização, areia e resíduos sólidos, etc.

Vamos conhecer os princípios da sinterização através do processo que segue.

Sinterização

Sinterização:

Aquecimento de camas mistas verdes

A camada superior deste leito de mistura verde é aquecida a uma temperatura até 1100 C-1200°° C. Na campânula de ignição, o ar é aspirado para baixo, através da grelha, com a ajuda de ventiladores de exaustão ligados por baixo à grelha.

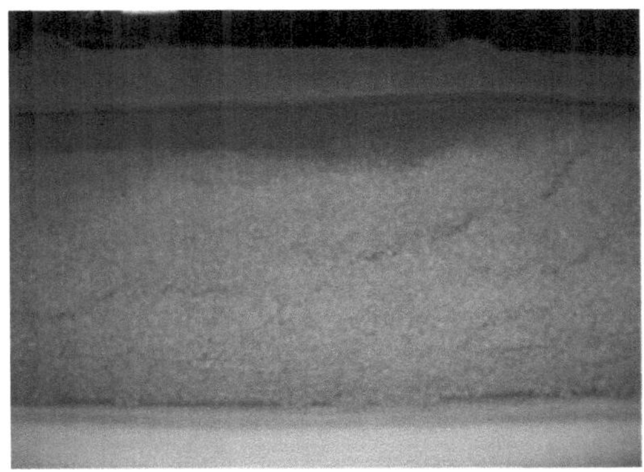

Cama mista verde

Desenvolvimento de uma zona de combustão estreita

Uma zona de combustão estreita desenvolve-se inicialmente na camada superior e propaga-se para c nível inferior durante o processo de sinterização.

O jato de frio que atravessa o leito arrefece a camada já sinterizada e pré-aquece as camadas inferiores.

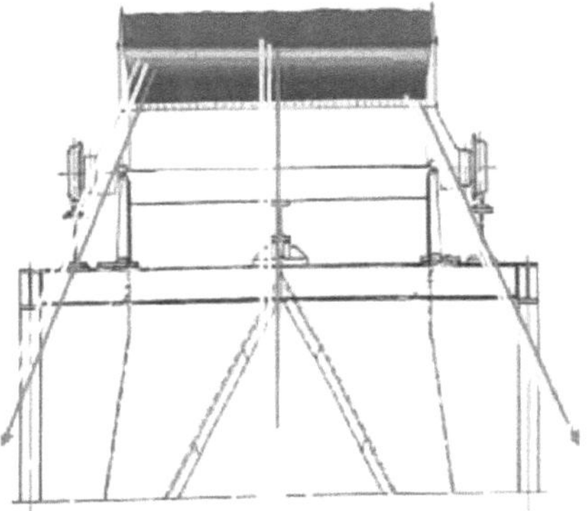

Zona de combustão Camada   superiorCamada inferior

Cada camada seca e pré-aquecida

O calor contido r o sopro é utilizado para secar e pré-aquecer as camadas inferiores do leito.

À medida que o gás quente se propaga da camada superior para a inferior, cada camada é seca e pré-aquecida pela transferência de calor das zonas de combustão superiores.

Na zona de combustão, ocorre a ligação entre os grãos e forma-se um forte agregado poroso.

Fim do processo

O processo está completo quando a zona de combustão atinge a camada mais baixa do leito. O bolo de sinterização é assim retirado da grelha em estado quente. Em seguida, é triturado, peneirado e reciclado.

Bolo de sinterização

O sínter dimensionado, ou seja, de 5 a 40 mm, é arrefecido e enviado para os altos-fornos ou para armazenamento no estaleiro.

Tipos de Sinters : Existem três grandes classes de Sinters.

Class	Description
1. Non-fluxed or Acid Sinters	Sinters where no flux is present or added in the raw mix.
2. Basic or Self-fluxing Sinter	Sinters where sufficient flux has been added in the sinter mix to provide a basic mix that is desired in the final slag, taking into consideration only the burden acids. An extra flux is added to the burden while charging to iron ore & coke ash acids.
3. Super Basic or Super Fluxed Sinter	Sinters where an additional flux is added to the mix for the desired final slag, taking into account the acids content of both ore as well as the coke ash.

As vantagens da utilização de sinterização num alto-forno podem ser enumeradas do seguinte modo

Aglomeração de finos em grumos porosos duros, fortes e irregulares. Isto permite uma melhor permeabilidade do leito num alto-forno.

Eliminação de 60-70% do enxofre e do arsénio, se presentes, durante a sinterização.

Eliminação da humidade, da água hidratada e de outros voláteis no cordão de sinterização com um combustível mais barato.

Aumento da temperatura de amolecimento e diminuição da gama de amolecimento-fusão.

Uma vez que a calcinação do fundente tem lugar no cordão de sinterização, o superfluxo poupa o consumo de coque no alto-forno.

O aumento da percentagem de sínter na carga do alto-forno aumenta a permeabilidade, reduzindo assim a taxa de coque e melhorando a produtividade.

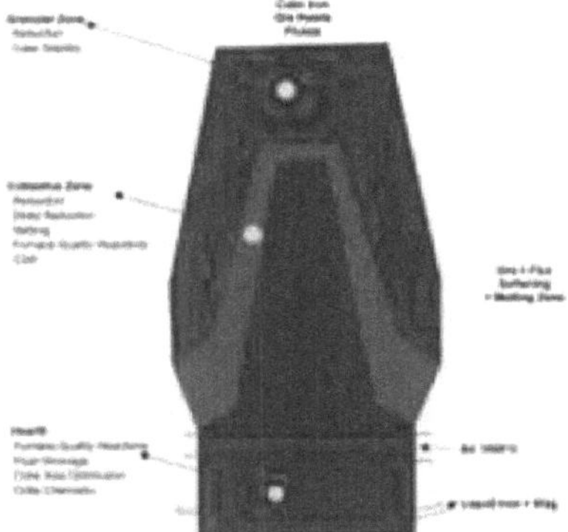

Conclusão

A sinterização é o processo de aglomeração de finos de minério de ferro numa massa dura porosa por fusão incipiente devido ao calor gerado dentro da própria massa. É efectuado através da combinação de uma mistura verde feita de finos de minério de ferro com fundentes, finos de coque como combustível sólido, finos de retorno de sinterização, areia e resíduos sólidos, etc., a uma temperatura de 1200 C-1300°° C. O sínter é utilizado em altos-fornos como material de carga preparada, contendo ferro, para a produção de metal quente com melhor qualidade, consistência e baixo custo de produção.

Existem três grandes classes de sinterizações - sinterizações ácidas ou sem fluxo, sinterizações básicas ou com fluxo próprio e sinterizações superbásicas ou com fluxo próprio.

A instalação de sinterização é constituída pelas seguintes secções:

1. Manuseamento de matérias-primas
2. Proporção da mistura crua
3. Dosagem de cal hidratada
4. Mistura e nodulização
5. Peneiramento da camada de soleira e das finas de retorno
6. Forno de ignição
7. Máquina de sinterização
8. Gás residual de processo e despoeiramento da instalação
9. Arrefecedor de sinterização com alternativas de recuperação de calor.
10. Manuseamento de produtos sinterizados

Manuseamento de matérias-primas

A fábrica de manuseamento de matérias-primas destina-se ao transporte de materiais do estaleiro de matérias-primas/estaleiro de mistura de base para várias unidades de processamento da fábrica. As principais matérias-primas necessárias para a produção de ferro e aço são minério de ferro granulado, finos de minério de ferro, minério de ferro calibrado, fundente calcário / dolomite, manganês, carvão de coque de quartzito, carvão não coqueificável (para funcionamento de caldeiras e injeção de carvão pulverizado) e coque. Os minérios de ferro granulados, os finos de minério de ferro e os fundentes, como o calcário e a dolomite, recebidos por ancinho ferroviário, são descarregados em vagões basculantes e armazenados em estaleiros abertos com a ajuda de várias máquinas de armazenamento.

Os granulados de minério de ferro, os fundentes, tais como calcário e dolomite, e o coque são recuperados por uma máquina adequada e triturados na unidade de trituração de minério, na unidade de trituração de fundentes e na unidade de trituração de coque, respetivamente, para produzir o tamanho necessário. O material acima referido é empilhado proporcionalmente por uma máquina de empilhamento adequada no parque de mistura de base e misturado durante a recuperação por uma misturadora recuperadora. A mistura de base preparada é então transportada para a fábrica de sinterização para a produção de sinter.

Manuseamento de matérias-primas

Proporção de mistura crua

Para o doseamento da mistura em bruto, a empresa concebeu silos de matérias-primas especialmente concebidos para o efeito. Os silos foram concebidos para evitar a "colmatação" dos materiais no interior dos silos e para reduzir a segregação de partículas grossas e finas durante a carga e a descarga. A segregação nos silos durante a carga e a descarga ocorre de formas diferentes para diferentes níveis de enchimento dos silos. Um maior número de silos permite a descarga simultânea de um único tipo de m nério de pelo menos dois silos com diferentes níveis de enchimento, o que compensa a segregação variável das partículas grossas e finas de minério durante a carga e a descarga. A descarga de matérias-primas através de alimentadores de pesos doseadores a partir dos silos é controlada pelo "sistema de dosagem em tempo real". Com este sistema de controlo, a composição da mistura desejada estará em conformidade com rácios pré-determinados durante toda a operação. Silos especialmente concebidos para o manuseamento de minérios de ferro muito finos, prevenindo, colmatando e minimizando potenciais problemas de escoamento.

Todas as matérias-primas, como os finos de minério de ferro, o retorno de sinterização BF, os finos de calcário, os finos de dolomite e os finos de coque, são transportadas do sistema de manuseamento de matérias-primas por um transportador de correia no meio de transporte mecânico e armazenadas em diferentes silos na fábrica de sinterização.

Cada silo está equipado com um dispositivo de controlo de nível através de células de carga. O resultado desta operação de medição é diretamente convertido na indicação do nível do silo em percentagem de enchimento.

Principais benefícios

Excelente homogeneidade da mistura crua
Maior precisão no doseamento das matérias-primas
Maior flexibilidade na mudança de matéria-prima
Receitas no mais curto espaço de tempo possível

Caixas de matérias-primas

Bins	Description
Iron Ore Fines BF Return Fines	Iron ore fines and blast furnace return fines transportation have been carried out from Raw material handling plant to proportioning bins via Belt Conveyor.
ESP Dust	ESP's Dust transportation have been carried out through chain conveyor of process ESP and De-dusting ESP. to ESP recycling Bins.
Limestone Fines Dolomite Fines	Lime Stone fines and Dolomite fines are being transported from RMHS to Limestone / Dolomite Bins via belt conveyor.
Coke Fines	Coke fines are being transported from RMHS to respective feeding Bin through belt conveyor..

A carga de matérias-primas como finos de minério de ferro, retorno de BF, finos de calcário, finos de dolomita e finos de coque na proporção adequada está sendo levada para o transportador de correia comum através de alimentadores de peso e sendo alimentada para o tambor de mistura e nebulização.

Caixas de matérias-primas

Sistema de dosagem de cal hidratada

A estrutura dos grânulos e as propriedades do leito compactado foram exploradas numa vasta gama de níveis de adição de água e cal hidratada. Com o mesmo teor de humidade, a adição de mais cal hidratada melhorou a eficiência da granulação, formando uma camada inicial mais coesa na superfície das partículas nucleares e produzindo mais aglomeração durante a granulação. A curva idade-umidade do vazio do leito pode ser dividida em três regiões, e esta curva tornou-se mais plana com um nível mais elevado de adição de cal hidratada. Foi proposto um modelo mais mecanicista da idade de formação de vazios no leito [$\varepsilon = \varepsilon 0 + (1-\varepsilon 0)\exp(-mR\ n)$, $\varepsilon 0 = 0,36\times(\varepsilon\sigma)^{-0.3209}$] que representa a influência das forças coesivas e o potencial de deformação dos grânulos, relacionando a idade de formação de vazios com a distribuição da dimensão dos grânulos (σ), bem como com o rácio de massa aderente (R). Para a mistura de minério da região Ásia-Pacífico testada, a adição de cal hidratada
melhorou significativamente a permeabilidade do leito devido ao aumento do tamanho dos grânulos e da idade de vazio do leito. No entanto, existe um valor de saturação da

dosagem de ligante sólido. A ação de melhoria torna-se limitada a 3 wt%, uma vez que um aumento adicional da adição de cal hidratada não teve mais benefícios para a idade de vazio do leito.

Neste sistema, os finos de cal calcinada (no tamanho de 0 - 03 mm) são utilizados numa caixa de armazenamento e transportados pneumaticamente para a mistura da preparação da mistura crua numa proporção necessária.

Sistema de dosagem de cal hidratada

Mistura e Nodulização

A excelente homogeneidade e a elevada permeabilidade da mistura crua de sínter são factores decisivos para alcançar uma elevada produtividade e qualidade do sínter com um consumo reduzido de energia. Para resolver este problema, foi desenvolvido um sistema de mistura e granulação intensiva, que consiste num misturador intensivo e num agregado de granulação. O sinter
As matérias-primas (como minérios de ferro grosseiros e finos, minérios ultrafinos/alimentação de pellets, aditivos, poeiras, combustíveis sólidos, finos de retorno e materiais reciclados da siderurgia) são continuamente alimentadas num misturador intensivo de alta velocidade, onde ocorre a macro e a micro-mistura da mistura crua de sinterização.

Após o misturador, o material é transportado para o tambor ou granulador intensivo, onde se efectua a granulação do material. Os dispositivos de mistura podem ser ajustados individualmente aos requisitos variáveis. Os testes de grelha do cadinho de sinterização podem ser efectuados com matérias-primas reais, a fim de apoiar o desempenho previsto da fábrica com o equipamento proposto.

Principais benefícios

\# Excelente homogeneidade graças a uma mistura turbulenta e a uma melhor preparação do sínter
   mistura crua.
\# Capacidade para misturar rácios mais elevados de ultra-finos de minério de ferro (pellet feed)
\# Melhoria da qualidade do sínter com desvios padrão reduzidos (maior homogeneidade)
\# Redução do consumo de coque
\# Não é necessário pré-misturar / misturar estaleiros
\# É possível a fase de nodulização no granulador intensivo
\# Desempenho previsível da planta devido a testes de grelha de vaso

Tambor de mistura e nodulização

Sistema de mistura e granulação

Peneiramento da camada de soleira e das coimas de retorno

Depois de arrefecido, o produto de sinterização é enviado para a estação de trituração e crivagem. Aí, o material é reduzido para ser utilizado em três aplicações diferentes: retorno de finos para o processo de sinterização, camada de soleira e carga de alto-forno. As partículas de grão pequeno são recirculadas de volta para o processo de sinterização, as partículas de tamanho médio são normalmente utilizadas como camada de aquecimento para proteger os carros de paletes e as partículas de tamanho maior são transportadas para o alto-forno.

Principais benefícios

\# Elevada eficiência (grãos subdimensionados / sobredimensionados < 5 por cento cada)
\# Desgaste reduzido dos carros de paletes e aumento da permeabilidade devido à camada de aquecimento
\# Redução do tempo de paragem para manutenção da fábrica
\# Manuseamento suave do material sinterizado

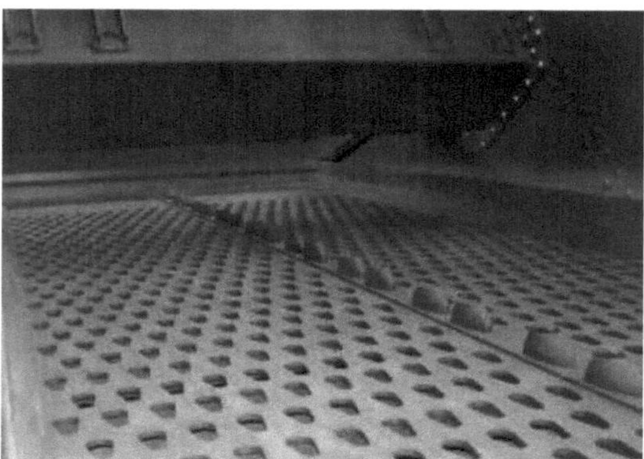

Tela de sinterização

Camada de lareira

A camada de soleira tem basicamente uma função não crítica que consiste em evitar os danos nos carros de paletes e nas barras da grelha causados pela sinterização do bolo na soleira. Verificou-se que algumas misturas de sinterização feitas a partir de minérios de ferro específicos de baixa qualidade nem sequer necessitam de uma camada de soleira. Normalmente, são de esperar efeitos muito ligeiros da espessura da camada de soleira e da distribuição da dimensão na permeabilidade do bolo de sinterização, mas estes permanecem insignificantes para todos os efeitos práticos. No entanto, existe uma apreensão durante o funcionamento da instalação de sinterização: pode haver uma dificuldade com a continuidade do fornecimento da camada de aquecimento recirculante. Por vezes, não existe uma quantidade suficiente da gama de tamanhos correta disponível para abastecer a camada de aquecimento. Nesse caso, é necessário controlar a trituração do sínter a jusante do processo de sinterização.

A camada de sinterização (+10mm - 20mm) é transportada para o contentor da camada de sinterização para ser espalhada sobre a palete da máquina de sinterização antes de carregar a mistura verde.

Devoluções Multas

O rácio de finos de sinterização é o parâmetro que determina o desempenho do processo de sinterização. Por conseguinte, é sensato dizer que o ideal é ter como objetivo uma relação de 1, altura em que a quantidade de finos gerados é igual à quantidade devolvida à alimentação verde e o processo está em equilíbrio. No processo de sinterização o rácio de finos de sinterização pode geralmente variar entre 0,95 e 1,05, o que exige a necessidade de armazenamento de tampões.

Os finos de retorno com menos de -5 mm de sinterização do crivo de finos de retorno também são carregados para a mistura crua através de um transportador de correia ou de um depósito de finos de retorno interno para circulação interna.

Forno de ignição

O forno de ignição de uma máquina de sinterização pode ser descrito como uma caixa de aço revestida a refratário, na qual estão dispostos dois ou mais queimadores horizontalmente opostos. Qualquer tipo de combustível, como combustível gasoso (gás de coqueria, gás de alto-forno, gás misto ou gás natural, etc.), combustíveis líquidos ou combustíveis sólidos (carvão pulverizado) pode ser utilizado como fonte de calor. As portas operáveis verticalmente fecham as faces do forno de ignição até ao nível superior da alimentação verde, a fim de minimizar as perdas de calor. O objetivo do forno de ignição é inflamar a camada superior através da ignição do carbono da brisa de coque na alimentação verde.
Para satisfazer os requisitos acima referidos, o forno de ignição deve estar equipado com as seguintes caraterísticas

A chama dos queimadores deve funcionar a baixa velocidade, de modo a evitar perturbações na
 cama de ração verde.

Uma chama de forma plana é vantajosa para uma ignição rápida e uniforme do

alimento verde.

\#   É essencial uma disposição adequada para obter o fornecimento controlado de ar de arrefecimento aos queimadores
para atingir a temperatura de chama desejada.

\#   Devem estar disponíveis controlos adequados do queimador que sejam fáceis de utilizar.

\#   Todos os controlos do forno devem ser à prova de falhas.

\#   As chamas piloto devem ser fiáveis, por exemplo, se os queimadores funcionarem com gás de baixo valor calorífico e/ou flutuante, como gás de alto-forno ou gás misto, então as chamas piloto devem ser
funcionam com gás de petróleo liquefeito (GPL).

Forno de ignição

Máquina de sinterização

A máquina de sinterização propriamente dita continua a ser o núcleo da tecnologia de fabrico de sinterização e tem como principais componentes os carros de peletização, o acionamento do cordão de sinterização, o mecanismo de recolha e a plataforma de colisão. As linhas gerais dos requisitos de projeto e as abordagens de engenharia para estes componentes da máquina de sinterização são descritas a seguir.

Carros de paletes

Os carros de paletes transportam o material de alimentação verde ao longo da linha da máquina e acima das caixas de vento (onde existe pressão negativa no sistema) enquanto o processo de sinterização do material de alimentação verde está a decorrer. A cadeia de sinterização é constituída por vários carros de paletes e pode ser considerada como uma cadeia sem fim não ligada devido ao seu movimento. Devido a este movimento, os carros de paletes estão sujeitos a tensões resultantes do seguinte.

Exposição a variações térmicas cíclicas devido às elevadas temperaturas registadas no lado de sinterização (superior) do cordão e ao arrefecimento dos automóveis que ocorre no lado de retorno (inferior) das secções do cordão.

Exposição a cargas estáticas cíclicas provenientes da massa do alimentador verde/sinterizador.

Exposição a cargas dinâmicas cíclicas provenientes das forças transmitidas pelas rodas dentadas de acionamento, bem como pelos carros de paletes uns contra os outros.

Embora o desenvolvimento das máquinas de sinterização do tipo cordão e dos materiais para os seus componentes tenha ocorrido há mais de um século, o facto é que o trabalho exigente acima mencionado resulta na fadiga dos materiais mais adequados (nodular, grafite em flocos e ferro fundido branco, etc.) num número limitado de ciclos. Por conseguinte, muitas das instalações de sinterização elaboram normalmente planos de substituição para os carros de peletização com base numa vida útil média de 10 anos, ou seja, um pouco menos de 330 dias por ano.

A escolha dos materiais e das formas dos componentes dos carros de paletes é ainda determinada pelos requisitos seguintes: (i) queda de pressão mínima através das barras da grelha, (ii) resistência máxima à abrasão das barras da grelha, (iii) ductilidade e resistência máxima à abrasão das placas das faces no que respeita ao movimento de deslizamento do material verde e do material sinterizado contra as mesmas, e (iv) possibilidade de substituição rápida de componentes desgastados ou de outra forma inutilizáveis pelo pessoal que não seja totalmente especializado.

Acionamento para cordão de sinterização

Os carros de paletes, que não estão ligados entre si, são empurrados ao longo da parte superior da estrutura da máquina pelas rodas dentadas de acionamento, que estão equipadas com discos de contração num eixo comum. As rodas dentadas estão normalmente equipadas com segmentos de dentes substituíveis, fundidos com precisão em aço especial. Os dentes conferem uma ação de rolamento sobre as rodas interiores dos conjuntos de eixos de encaixe, dos quais quatro estão ligados a cada carro de paletes. As rodas exteriores dos conjuntos de eixos de encaixe servem para guiar as paletes nos seus pontos de retorno, ou seja, nas estações de tração e de descarga, enquanto as rodas interiores suportam as cargas estáticas e dinâmicas à medida que as paletes são empurradas ao longo do cordão.
O acionamento do cordão de sinterização não é normalmente colocado na extremidade de descarga do cordão, por razões de calor e de manutenção. As opções de motor primário disponíveis são (i) eletromecânico, com variador de velocidade, ou (ii) electro-hidráulico, com bcmba ou motor de deslocamento variável. É possível utilizar

accionamentos duplos ou simples. As principais razões para a seleção dos accionamentos e das disposições de acionamento são (i) a redução das cargas suspensas, através da utilização de caixas de velocidades planetárias montadas no veio, (ii) a gama de velocidades e (iii) a facilidade de manutenção.

Mecanismo de recolha

O mecanismo de recolha é previsto para compensar a dilatação térmica diferencial entre os carros de paletes em movimento e a estrutura, juntamente com as calhas e as caixas de vento da máquina de sinterização, mantendo simultaneamente uma pressão adequada para evitar a separação das faces do corpo das paletes. Os mecanismos de recolha são geralmente automáticos, através de sistemas de contrapeso/pulley ou de um sistema hidráulico. As vantagens de um sistema hidráulico

O sistema de paletes de ação dupla é o seguinte: (i) a pressão mínima pode ser mantida para reduzir o desgaste por fricção entre as faces do corpo da palete e (ii) a substituição de conjuntos de paletes simples (abertura do cordão) é facilitada pela utilização de um cilindro (ou cilindros) de ação dupla.

Os construtores de máquinas, por razões técnicas válidas, fornecem normalmente, para os cordões de máquinas de grandes dimensões, mecanismos de recolha localizados na extremidade de descarga do cordão. No entanto, para os fios de máquinas mais pequenas, é mais viável fornecer os mecanismos de recolha na extremidade de acionamento a frio. Em qualquer dos casos, o respetivo mecanismo deve ser concebido como uma unidade móvel, montada num sistema de rodas/carris ou suspensa do mesmo. É necessário um mecanismo de orientação preciso, que permita o alinhamento da estação de acionamento com a linha central do cordão.

Máquina de sinterização

Gás residual de processo e despoeiramento de instalações

As fontes de emissões na instalação de sinterização são:

- Gás residual de processo
- Despoeiramento de plantas
- Emissões fugitivas de vários processos, tais como doseamento de matérias-primas, mistura
  Nodulização, cordão de sinterização, arrefecedor de sinterização e crivagem.

Despoeiramento de gases residuais de processo

O gás residual do processo da máquina de sinterização é conduzido para o equipamento de limpeza de gás baseado no precipitador eletrostático através da conduta de gás do processo.
Existem válvulas de cone múltiplo acionadas eletricamente por baixo da conduta de gás residual do processo. O material recolhido na conduta de gás é alimentado em transportadores de correia através destas válvulas de cone. Este material é então reciclado. Estão instalados transportadores de corrente por baixo da tremonha do ESP de gás de processo para recolher as poeiras finas descarregadas. Os transportadores de corrente de recolha estão equipados com válvulas de cone duplo no lado da descarga para uma vedação adequada contra a atmosfera. As poeiras descarregadas por estas válvulas de cone duplo são transferidas para o depósito de poeiras ESP para tratamento das poeiras e as poeiras tratadas são recicladas.

Em caso de enriquecimento das poeiras do filtro eletrostático em álcalis e metais pesados, é possível reduzir a concentração através da abertura temporária do circuito. Isto significa que as poeiras separadas nos últimos campos do ESP serão removidas por extração através de um transportador de corrente, de uma válvula de cone duplo e de uma calha telescópica, colocadas em contentores especiais e transportadas por camiões para depósitos de resíduos. O ESP de despoeiramento de processo lida com gás de processo até uma temperatura máxima de 200OC. A fotografia abaixo mostra o ESP de despoeiramento de gás de processo e a chaminé

Despoeiramento de plantas

O ar carregado de poeiras da máquina de sinterização, do triturador de sinterização a frio, do crivo de sinterização e de várias transferências de materiais
pontos da instalação é extraído por um sistema de condutas ligado a um ventilador e é submetido a uma limpeza num
precipitador eletrostático. As poeiras recolhidas no ESP de despoeiramento da fábrica são transportadas por transportadores de corrente com calhas e extraídas por uma válvula pendular para o depósito comum de poeiras ESP. A temperatura do gás de despoeiramento varia entre 60 e 90 °C.

Tratamento e reciclagem de poeiras

As poeiras extraídas do depósito comum de poeiras ESP são molhadas e granuladas num pequeno nodulizador do tipo taça e, finalmente, adicionadas à mistura de sinterização em frente do misturador.

Pilha

A chaminé para o gás residual do processo e para o despoeiramento da instalação tem uma altura e um processo adequadamente desejados

A chaminé de gases residuais é completamente revestida de tijolos, uma vez que se prevê uma concentração significativa de SO2 nos gases residuais.

Gás residual de processo ESP

Arrefecedor de sinterização com alternativas de recuperação de calor

Calha de carregamento do Advance Cooler

O design avançado da calha de carregamento do arrefecedor assegura uma distribuição mais homogénea do sínter no arrefecedor de sínter, mantendo as peças com diâmetros maiores perto do fundo e as mais pequenas no topo. Isto aumenta o desempenho do arrefecimento, reduz o consumo de energia da ventoinha e evita danos no equipamento associado.

Refrigerador de calha de imersão circular

O arrefecedor de sinterização foi concebido com base na tecnologia de calha de arrefecimento de asa de grelha para cumprir os requisitos de maior eficiência e menor consumo de energia eléctrica. O design de asa de grelha tem vedantes de borracha especiais entre a calha do arrefecedor em movimento e o sistema de canal de ar que produzem uma utilização mais eficiente do ar de arrefecimento.

A aplicação do novo design a um refrigerador de sinterização circular convencional existente permite aumentar a capacidade de refrigeração em cerca de 15% sem aumentar o volume de ar de refrigeração, e mantém a estrutura existente com pequenas modificações.

Sistema de recuperação de calor

Para melhorar ainda mais a eficiência energética da instalação de sinterização, estão disponíveis vários tipos diferentes de sistemas de recuperação de calor, que podem ser instalados no arrefecedor de sinterização, onde o calor sensível
do ar é utilizado para gerar energia eléctrica ou vapor de processo.

Existem três opções possíveis de recuperação de calor do refrigerador:

\# Pré-aquecimento do ar de combustão para o forno de ignição e pós-aquecimento do sínter acabado de inflamar
\# Sistema de recirculação selectiva dos gases residuais, que permite conservar o coque e o CO2
\# Instalação de recuperação de calor residual para produção de vapor e/ou energia eléctrica

Principais benefícios

\# Custos operacionais e de investimento mais baixos
\# Diminuição do consumo específico de energia
\# Maior eficiência de arrefecimento, resultando numa diminuição do volume de ar de arrefecimento específico
\# Manuseamento suave do sínter
\# Recuperação de calor sensível no arrefecedor

Arrefecedor de sinterização

Manuseamento de produtos sinterizados

As instalações de sinterização aglomeram partículas finas de minério de ferro (poeiras) com outros materiais finos a altas temperaturas, para criar um produto que pode ser utilizado num alto-forno. O produto final, designado por "sinter", é depois utilizado para converter o ferro em aço. O sinter é um pequeno nódulo irregular de ferro misturado com pequenas quantidades de outros minerais. O processo de sinterização funde os materiais constituintes para formar uma única massa porosa com poucas alterações nas propriedades químicas dos ingredientes. Na saída da máquina de sinterização, o material é dividido em pedaços mais pequenos por um martelo demolidor e arrefecido através de um fluxo de ar forçado. Na descarga do arrefecedor de sinterização, as temperaturas são ainda elevadas, variando entre 400 e 700 °C, pelo que o sinter quente só pode ser transportado por um transportador que possa suportar temperaturas muito elevadas. Além disso, o sínter é um material muito abrasivo, actuando como uma micro-ferramenta ao longo do tempo que abrasa as superfícies sobre as quais está a deslizar. Este tipo de sinter também é tóxico e precisa de ser transportado por um transportador estanque ao pó para evitar que as partículas finas contaminem o ambiente e exponham os operadores da fábrica a riscos de segurança. Para este produto de elevado valor, a fiabilidade é a principal caraterística exigida a qualquer equipamento concebido para funcionar em instalações de sinterização. De facto, uma paragem forçada pode revelar-se extremamente dispendiosa em termos de perdas de produção e, consequentemente, de perdas de lucro. O Ecobelt é, por conseguinte, o transportador ideal para o manuseamento do sínter quente, garantindo operações fiáveis, seguras e respeitadoras do ambiente. O componente-chave da Ecobelt é concebido completamente fechado numa caixa de aço, adequada para evitar a dispersão de poeiras para o ambiente. Um simples dispositivo mecânico de auto-limpeza remove os resíduos finos do fundo da caixa. A Ecobelt pode ser equipada com a corrente, que é um transportador de corrente encerrado num invólucro independente, adaptado à secção de cauda da Ecobelt.

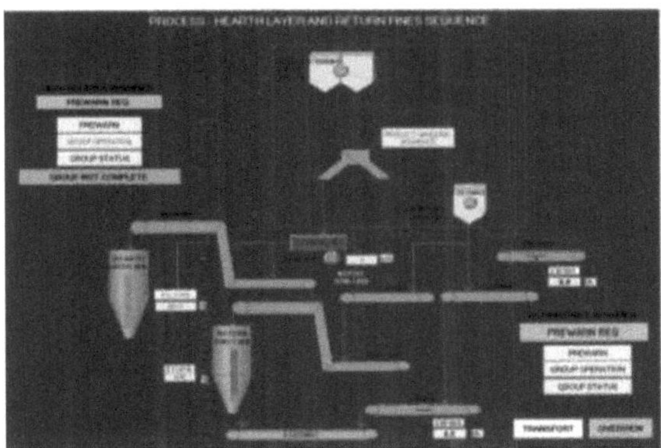

Sistema de manuseamento de produtos sinterizados

Análise Qualitativa

Qualidade do sinter e processo de sinterização de minérios de ferro

O sinter é normalmente o principal componente da carga do alto-forno (BF). O sinter é constituído por muitas fases minerais produzidas durante o processo de sinterização de minérios de ferro. A qualidade e as propriedades do sinter dependem da estrutura mineral do sinter. No entanto, uma vez que as condições de sinterização não são normalmente uniformes em todo o leito de sinterização, a composição das fases e, por conseguinte, a qualidade do sinter, varia no leito de sinterização.

A estrutura do sinter não é uniforme. Consiste em poros (de tamanhos variáveis) e num complexo agregado de fases minerais, cada uma com propriedades diferentes. É a combinação destes poros e fases minerais e a interação entre eles que determina a qualidade do sinterizado, mas também torna muito difícil a previsão das propriedades do sinterizado. Embora tenha sido efectuado um grande número de investigações sobre o sinter, a correlação entre a composição química e a mineralogia do sinter e as suas propriedades e comportamento ainda não é claramente compreendida.

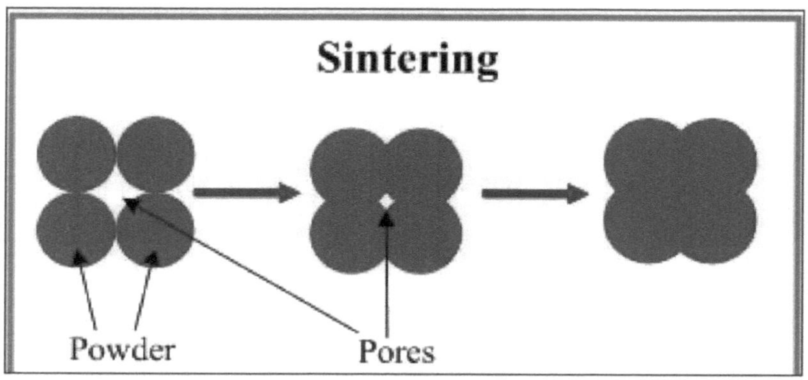

Esquemas da mistura de sinterização e do produto sinterizado

Esquemas da mistura de sinterização e do produto sinterizado

O processo de sinterização é um termo genérico utilizado para descrever o processo de aglomeração de uma mistura verde de minérios de ferro, fundentes e coque, bem como de resíduos sólidos de instalações com um tamanho de partícula de -10 mm, de modo a produzir um sinter que possa suportar as condições de pressão e temperatura de funcionamento existentes num BF. Os resíduos sólidos, tais como poeiras, lamas, escórias e escamas de laminagem, etc., são utilizados para a sua utilização na mistura de sinterização devido à estrutura química complexa e aos componentes minerais destes materiais.

Durante o processo de sinterização, a combustão das partículas finas de coque, que se inicia a temperaturas entre 700 e 800 graus Celsius, resulta na formação de gás CO (monóxido de carbono). A superfície do núcleo de minério de ferro e os seus finos aderentes são reduzidos a magnetite. À medida que a temperatura sobe até 1100 graus C, formam-se fases de baixo ponto de fusão, como $Fe_2O_3.CaO$, $FeO.CaO$ e $FeO.SiO_2$, por reacções sólido-sólido. A fase denominada SFCA (silico-ferrite de cálcio e alumínio), forma-se nesta fase. A SFCA é identificada como uma solução sólida de $CaO.2Fe_2O_3$ com pequenas quantidades de Al_2O_3 e SiO_2 dissolvidos. Esta fase é considerada como uma fase quaternária complexa.

Durante o processo de sinterização, as relações de fase de equilíbrio não são normalmente alcançadas devido à frente de chama que passa rapidamente através do leito de sinterização. Isto resulta no elevado grau de heterogeneidade do sínter e na formação de fases de não-equilíbrio que não são esperadas a partir de considerações termodinâmicas. A composição do sínter varia, portanto, de lugar para lugar no material a granel, dependendo da natureza das partículas individuais de minério e de fundente e da extensão das reacções entre elas.

Macroscopicamente, o sinter tem uma estrutura não uniforme com grandes poros irregulares. Microscopicamente, é constituído por fases de ligação, partículas de minério residuais, fases vítreas remanescentes e poros e fissuras não uniformes muito pequenos. Dependendo de diferentes parâmetros, como a temperatura, a composição, a pressão parcial de oxigénio, o tempo e a atmosfera, formam-se diferentes fases em diferentes proporções, ao mesmo tempo que se desenvolvem diferentes morfologias. A morfologia reflecte essencialmente o modo de formação e está relacionada com uma determinada composição química, aquecimento e taxa de arrefecimento do sinterizado.

O SFCA acicular começa a formar-se abaixo de 1185 graus C; quando a temperatura sobe para 1245 graus C, a hematite não reagida desaparece e o tamanho do cristal de SFCA aumenta. A SFCA começa a decompor-se quando a temperatura excede os 1300 graus C, formando hematite se a pressão parcial de oxigénio for elevada e a temperatura for inferior a 1350 graus C, e magnetite quando a pressão parcial de oxigénio for baixa e a temperatura for superior a 1350 graus C, sendo os componentes da escória redistribuídos na massa fundida.

A decomposição do SFCA é melhorada pelo tempo prolongado acima da temperatura de decomposição e pelo aumento da temperatura máxima.
No processo de sinterização, as reacções químicas acima referidas ocorrem a temperaturas elevadas, o que resulta na formação de uma fase de fusão que é utilizada durante as reacções sólido-líquido para a assimilação e combinação de finos de minério de ferro e fundentes. Durante o processo, a formação da massa fundida ocorre na frente da chama, onde a temperatura é superior a 1100 graus C. Esta massa fundida solidifica para se tornar nas fases de ligação que constituem a maioria das outras fases de um sinter. A principal fase de ligação é normalmente composta por SFCA .

O volume da fase de fusão desempenha um papel significativo no processo de sinterização. Uma fusão excessiva resulta numa estrutura vítrea homogénea, que tem uma baixa redutibilidade, enquanto uma concentração muito baixa de fusão causa uma resistência insuficiente, resultando numa elevada quantidade de finos de retorno.

As reacções químicas durante a sinterização resultam na formação de um bolo de sinterização que é um material multifásico com uma microestrutura heterogénea. É composto por várias fases minerais, das quais as principais são a hematite, a magnetite, o minério de ferro, o SFCA, o silicato dicálcico e uma fase vítrea. A distribuição mineralógica das diferentes fases determina a microestrutura do sínter, que confere a qualidade do sínter, como a resistência mecânica e o seu comportamento durante a redução no forno. O SFCA é considerado como o componente mais importante da fase de ligação devido à sua abundância no sínter e à sua influência significativa na qualidade do sínter.

A partir do mecanismo de sinterização, é evidente que as fases de sinterização são formadas principalmente durante o processo de sinterização a temperaturas superiores a 1100 graus C. Por conseguinte, as caraterísticas temperatura-tempo do processo de sinterização contribuem fortemente para a microestrutura e a composição das fases do sinter.

O perfil de temperatura no leito de sinterização é caracterizado por um aumento
acentuado até uma temperatura máxima durante o ciclo de aquecimento. A temperatura
máxima atingida é normalmente superior a 1300 graus C e pode atingir 1350 graus C.
Um declive suave após atingir a temperatura máxima indica o arrefecimento
relativamente lento do sinter acabado durante o ciclo de arrefecimento.
Devido a alterações na permeabilidade do leito durante o processo de sinterização,
obtêm-se perfis de temperatura diferentes de cima para baixo no leito de sinterização.
Por conseguinte, a taxa de aquecimento, a temperatura máxima atingida, o tempo a
temperaturas superiores a 1100 °C e a taxa de arrefecimento diferem normalmente nas
camadas superior, intermédia e inferior do leito de sinterização. Devido às diferentes
caraterísticas temperatura-tempo, existe uma variação na composição das fases ao
longo do leito de sinterização. Devido a estas diferenças, o sinter pode ser classificado
da seguinte forma

- Sinter de topo - É normalmente fraco e friável, dando um fraco rendimento de sinter
  com uma classificação de tamanho aceitável. Este sínter é fundido a uma temperatura
  elevada e arrefecido imediatamente a seguir. O sinter é descarregado a frio a partir da
  cadeia de sinterização.

- Sinter médio - Este sinter é formado em condições óptimas de fusão e recozimento e
  proporciona o rendimento máximo de sinter com uma classificação de tamanho
  aceitável. O sínter é descarregado a frio da cadeia de sinterização.

- Sinter inferior - Este sinter é descarregado a quente e é fortemente arrefecido à
  medida que passa pelo separador de sinter quente e pelo crivo de descarga para o
  arrefecedor de sinter. Isto resulta em propriedades físicas fracas, dando um
  rendimento inferior de sinter com uma classificação de tamanho aceitável. Se for
  aplicado o arrefecimento no cordão, o sínter tem quase as mesmas propriedades que
  o sínter na camada intermédia.

Normalmente, o sínter é composto, em volume, por 40 % a 70 % de óxidos de ferro,
20 % a 50 % de ferrites, maioritariamente SFCA, cerca de 10 % de silicatos dicálcicos e
cerca de 10 % de fase vítrea. Pode também conter sulfuretos (FeS), piroxénios
[(Mg,Fe)SiO3], quartzo e cal em pequenas proporções. As reacções de sinterização
regulam a fração volumétrica de cada fase mineral e controlam especialmente a
concentração e a microestrutura da fase SFCA. Isto, por sua vez, controla e melhora as
caraterísticas do sinter.

A qualidade do sinter refere-se às propriedades físicas e metalúrgicas do sinter. A
qualidade do sinter é geralmente definida em termos do seguinte.

- A resistência física ou resistência a frio do sinterizado à temperatura ambiente, medida pelo ensaio de estilhaçamento ou de tambor

- O valor do índice de degradação da redução (IDI), que é a desagregação do sínter após a redução a baixas temperaturas (550 graus C), determinado pelo ensaio de degradação da redução.

- O índice de dedutibilidade (RI), que determina a redutibilidade do sínter, determinado pelo ensaio de redutibilidade a 900 graus C

- As propriedades de amolecimento e fusão a altas temperaturas do sinter que estão relacionadas com as temperaturas a que o sinter começa a amolecer, a fundir e a escorrer durante a redução a temperaturas superiores a 1150 graus C.

- Todas estas propriedades são regidas pela microestrutura do sínter, em particular as fases de ligação, nomeadamente SFCA, que constituem a maioria das fases do sínter (até 80 %)

Todas as propriedades acima referidas, que são normalmente avaliadas de acordo com testes normalizados, estão fortemente relacionadas com a mineralogia, a estrutura microscópica e macroscópica do sínter. A reprodutibilidade destes testes que são efectuados em partículas de sínter para avaliar a sua qualidade é, por conseguinte, baixa devido ao elevado grau de variabilidade na composição das fases entre partículas de sínter, mesmo quando estas partículas de sínter são obtidas a partir do mesmo material a granel.

O tamanho das partículas do minério desempenha um papel importante. A capacidade de assimilação dos minérios finos é maior do que a das partículas grossas. A área de superfície de reação dos finos de minério de ferro é elevada, o que resulta em taxas de reação mais elevadas. No entanto, a formação de concentrações mais elevadas de material fundido resulta numa diminuição da fluidez do material fundido. Por conseguinte, é necessário incluir partículas grossas na mistura de sinterização para melhorar a permeabilidade do leito de sinterização, uma vez que está associada a um aumento dos movimentos em grande escala entre a massa fundida e as partículas sólidas.

A capacidade de sinterização do leito de sinterização no qual foram incorporadas partículas maiores melhora devido a uma melhor permeabilidade do leito de sinterização, bem como a melhores reacções de sinterização durante o processo. Quando partículas maiores estão disponíveis no leito de sinterização, formam-se áreas de baixa densidade em torno das partículas, o que melhora a permeabilidade do leito de sinterização. Devido ao aumento da permeabilidade do leito de sinterização, o caudal de gás e a velocidade da frente de chama são mais elevados em torno das partículas maiores do que das partículas mais finas. A reação da fusão e a assimilação ocorrem rapidamente em torno das partículas grandes devido à elevada fluidez da fusão.

Caraterísticas importantes relacionadas com a qualidade do sínter

Seguem-se as caraterísticas importantes relacionadas com a qualidade do sínter.

- A estrutura do sínter inclui a presença de ferrites com propriedades benéficas para a resistência e redutibilidade do sínter. A estrutura óptima é normalmente formada por um núcleo de hematite rodeado por uma rede de ferrite acicular. Esta estrutura é favorecida quando se trabalha com uma maior basicidade do sínter.

- O tamanho do minério de ferro afecta as propriedades de sinterização. Um aumento do tamanho do minério de ferro promove a produtividade do sinterizado, mas pode reduzir ligeiramente a resistência do tambor e poupar um pouco de coque.

- A mineralogia do sínter pode ser mais facilmente prevista a partir da sua composição química do que as suas propriedades físicas e químicas.

- O aumento da concentração de MgO no sinter aumenta a quantidade de espinélio (óxidos de alumínio e magnésio) e de fases vítreas. A presença de MgO no sínter melhora o RDI, porque o MgO estabiliza a magnetite e, assim, diminui o teor de hematite, causando uma tensão mais baixa no sínter durante a redução de hematite para magnetite na fase vítrea. O aumento das concentrações de SiO_2 no sínter aumenta a quantidade de SFCA total, diminui a relação SFCA acicular/colunar e o teor de fase vítrea.

- O aumento do teor de Al_2O_3 no sinter resulta numa deterioração drástica das suas propriedades químicas e físicas, embora a concentração da fase SFCA tenha aumentado. Com o aumento do teor de alumina, a quantidade de SFCA acicular, colunar e em blocos aumenta significativamente, juntamente com uma redução substancial na quantidade de SFCA dendrítica e eutéctica.

- Os teores de MgO e SiO_2 do sinter de ferro parecem ter um efeito inter-relacionado nas suas propriedades físicas e químicas. A previsão do efeito que quantidades variáveis de MgO e SiO_2 teriam nas propriedades do sínter é, portanto, complexa. As únicas tendências claras são o IA (índice de abrasão), que aumenta com o aumento do teor de MgO, e o RI e o IA do sínter, que diminuem com o aumento do teor de SiO_2 do sínter.

- O sinter com um baixo teor de FeO (< 8 %) favorece uma melhor redutibilidade. Quando a composição química de uma mistura de minério é fixa, o FeO pode fornecer uma indicação das condições de sinterização, em particular a taxa de coque. O aumento do teor de FeO no sinter diminui (melhora) o índice RDI. No entanto, quando o teor de FeO aumenta, a redutibilidade diminui. É importante encontrar um teor ótimo de FeO para melhorar o RDI sem alterar outras propriedades do sinterizado.

- A forma mineral na qual os fundentes são adicionados à mistura de sinterização da matéria-prima (por exemplo, óxido vs. carbonato) tem um efeito pronunciado na mineralogia e nas propriedades do sinter produzido.

- Devido às várias composições químicas e às distribuições heterogéneas do tamanho das partículas nas matérias-primas, as reacções durante o processo de sinterização são heterogéneas e produzem um sinter com uma estrutura heterogénea.

CAPÍTULO 2

Utilização de uma solução de halogenetos para melhorar o RDI e o RI do sínter: um estudo de caso

Resumo

O índice de redução-degradação (RDI) do sínter é um parâmetro importante para estimar a qualidade do sínter na zona de baixa temperatura (450-550° C) do alto-forno. Por conseguinte, é muito importante reduzir o RDI do sínter, o que melhora a permeabilidade da coluna de carga do alto-forno para obter um desempenho estável e suave, resultando num rendimento elevado e num baixo consumo. Nos últimos anos, muitos investigadores estudaram e comunicaram o método para melhorar a qualidade do sínter através da adição de uma solução de halogenetos à superfície do minério sinterizado produzido. Alguns produtores de sínter também estabeleceram a partir de práticas que a pulverização de solução de CaCl2 na superfície do sínter reduzirá o RDI do sínter.

Neste trabalho, numa fábrica da Integrated Steel na Índia, em condições laboratoriais, foi efectuado um estudo sobre o RDI e o RI (índice de redução) do sínter, que foi imerso em diferentes concentrações de solução de CaCl2. Os resultados laboratoriais mostraram que o RDI e o RI do sínter diminuem com o aumento da concentração de Cl-. Tendo em conta o RDI e o RI do sínter, quando a concentração de Cl- atinge um determinado nível (digamos X%), o RDI do sínter será significativamente reduzido e, ao mesmo tempo, o RI não será afetado. Com base nos resultados laboratoriais, foi efectuado um estudo de uma instalação-piloto e, finalmente, a mesma foi instalada com êxito na instalação de sinterização existente.

Palavras Chave : RDI & RI, Sinterização, CaCl2, Alto-forno

Introdução

Um estudo de caso foi estabilizado numa fábrica de aço integrada equipada com instalações de produção de classe mundial e está a fornecer regularmente produtos de aço que cumprem as especificações nacionais e internacionais. O Ferro Reduzido Direto (DRI) da unidade de ferro esponja (a maior unidade de produção de ferro esponja à base de carvão do mundo) e o Metal Quente da unidade de produção de Blast

Os fornos eléctricos de arco são utilizados como material de alimentação para a produção de aço bruto. O aço bruto é produzido utilizando uma mistura de DRI e metal quente em 3 fornos de arco elétrico UHP-EBT de 100 toneladas. Estes fornos dispõem de torneiras de fundo excêntrico (EBT), lanças supersónicas e instalações de jato de carvão. O aço é refinado e dessulfurado em 4 fornos de refinação de panelas (LRF) com capacidade para 100 toneladas, que são auxiliados por 2 desgaseificadores de tanques de vácuo e um desgaseificador RH capaz de produzir níveis de vácuo inferiores a 1 mbar, para a produção de qualidades de topo de gama. Através dos seus trens de laminação a quente, nomeadamente, o Laminador de Trilhos e Vigas Universais (RUBM), o Laminador de Chapas e Bobinas, o Laminador de Estruturas Médias e Leves (MLSM), o Laminador de Fio-máquina (WRM) e o Laminador de Barras (BRM), esta fábrica suporta atualmente uma carteira de produtos que satisfaz várias necessidades do mercado do aço. Os principais produtos siderúrgicos são os redondos, os biletes, os blocos, os blocos de vigas, as placas, os canais, os ângulos, as vigas, as colunas, os carris, as chapas e as bobinas. A capacidade instalada da fábrica na Índia é apresentada no quadro 1.

Quadro-1: Capacidade instalada da instalação siderúrgica integrada :

At Raigarh	
Captive Power Plant	358 MW
DRI Plant	1.32 MTPA
Blast Furnace	1.67 MTPA
Steel Melting Shop	3.25 MTPA
Sinter Plant	**2.53 MTPA**
Coke Oven Plant	0.8 MTPA
Lime Dolo Plant	0.32 MTPA
Rail & Universal Beam Mill (RUBM)	0.75 MTPA
Plate & Coil Mill	1.00 MTPA
Medium & Light Structure Mill (MLSM)	0.7 MTPA

A fábrica de sinterização de 224 metros quadrados é uma fábrica única em muitos aspectos. A M/s Outotec da Alemanha concebeu e forneceu o equipamento crítico para esta fábrica. Esta fábrica baseia-se na mais recente tecnologia de fabrico de sínter. Foi projectada para produzir 2,53 milhões de toneladas de sínter bruto por ano, ou seja, 320 T/h.

O que é o processo de sinterização e a sinterização

A sinterização é o processo de aglomeração, em que o calor é produzido pela combustão de combustíveis sólidos em leitos móveis de partículas soltas, ou seja, minério de ferro e outras matérias-primas, para as aglomerar numa massa porosa compacta.

O sinter ajuda a utilizar os finos gerados durante as operações de extração mineira ou no funcionamento da fábrica. Os resíduos metalúrgicos, como a carepa de laminagem, as poeiras de combustão, os finos de cal rejeitados, as escórias LD, as lamas LD, etc., também podem ser utilizados sob a forma de sinterização (Fig. 2). O custo e a consistência na qualidade do metal quente podem ser melhorados com a ajuda da carga de sinterização. A produtividade e o desempenho do alto-forno também aumentam com a utilização do sinter.

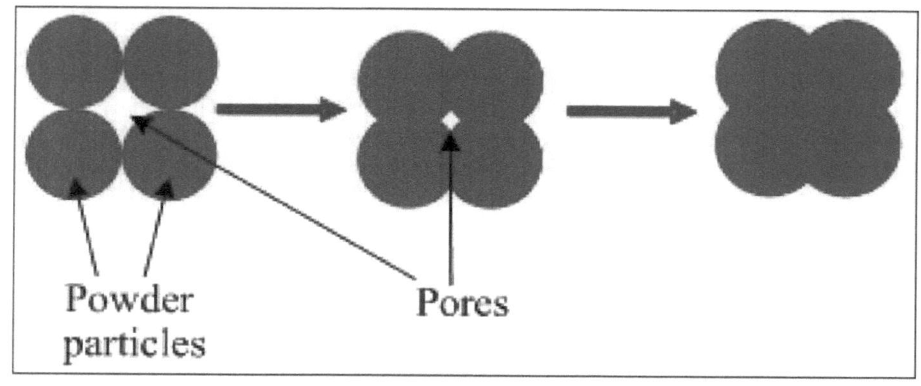

Processo de sinterização

Sinterização

Mecanismo de melhoria do RI e do RDI em sinterização

A resistência do sínter durante a redução (RDI) e a redutibilidade do sínter (RI) são de maior importância e têm atraído uma atenção considerável dos investigadores, uma vez que o desempenho do forno é largamente decidido por estes índices. Compreensivelmente, os finos gerados no interior do forno na zona da chaminé ou durante a redução afectam a permeabilidade da zona da chaminé, aumentam a queda de pressão e perturbam a distribuição do gás. Todos estes factores resultam na diminuição da taxa de condução e afectam negativamente a utilização de CO, tendo como consequência final uma taxa de coque mais elevada e uma produtividade mais baixa.

Para manter a redutibilidade do sínter inalterada, é de grande importância reduzir o RDI (Índice de Redução-Degradação) do sínter, o que melhorará a permeabilidade da coluna de carga do alto-forno, de modo a obter um desempenho estável e suave e manter um rendimento elevado e um baixo consumo. Em condições laboratoriais, foi proposto um estudo sobre o RDI & RI (índice de redução) do sínter, no qual o sínter foi imerso em soluções com diferentes tipos de concentrações. Os resultados mostram que o Cl⁻ é o principal fator de redução do RDI do sínter e que o RDI & RI do sínter diminui com o aumento da concentração de Cl⁻. Com um estudo exaustivo do RDI e RI do sinter, quando a concentração de Cl⁻ é de 2%, o RDI do sinter será significativamente reduzido e o RI será afetado.

O RDI do sinter é um parâmetro importante para estimar a qualidade do sinter na zona de baixa temperatura (450-550° C) do alto-forno. Aqui, no BF# 2, os valores desejados de RDI e RI do sínter são 20-25 e 59-62, respetivamente. Na parte superior do alto-forno, o sínter é reduzido por CO e H2, causando o fenómeno de degradação da redução a baixa temperatura, o que aumenta a quantidade de poeira no topo do forno e piora a permeabilidade da coluna de carga, resultando num desempenho instável, maior taxa de coque, menor produção e distribuição desigual do fluxo de gás. Quando reduzido a 900° C, os cristais de CaCl2 que foram absorvidos na superfície do sinter e na parede interna dos poros volatilizaram-se gradualmente.

Se a volatilização dos cristais de CaCl2 nos poros fechados aumentasse até uma certa quantidade, a pressão parcial do gás na micro-área local dos poros fechados seria superior à do gás redutor externo (CO) e seria difícil para o gás redutor (CO) entrar nos poros fechados dentro do sínter. A volatilização excessiva dos cristais de CaCl2 também bloquearia os poros abertos e causaria uma pressão parcial local excessiva, impedindo a entrada do gás redutor. Todos estes factores reduziriam a área de contacto efectiva do gás redutor e do sínter numa unidade de tempo. Por conseguinte, a taxa de redução do sínter diminuiria num determinado período de tempo, conduzindo à diminuição do índice de redução. Além disso, a baixa temperatura, com o aumento da concentração de CaCl2 na solução de imersão, o CaCl2 não pode ser completamente volátil e o CaCl2 residual dificultaria a redução do Sinter.

Por conseguinte, o aumento excessivo da concentração melhora o desempenho da redução a baixa temperatura e afecta simultaneamente a redução do sínter.

O cristal de CaCl2 é absorvido na superfície externa e interna do sinterizado, e tem uma reação superficial com Fe2O3 que inibe a transformação de Fe2O3 em Fe3O4. A tensão interna da transformação de cristais é reduzida e o RDI do sinter é diminuído em conformidade. Quando a concentração é demasiado elevada, a volatilização incompleta do CaCl2 afecta a taxa de redução e o RI do sínter diminui. Os resultados das experiências de redução do sínter imerso em diferentes tipos de solução mostram que o Cl⁻ pode reduzir o RDI do sínter.

Procedimento experimental

As amostras de sinterização aplicadas na experiência foram retiradas da fábrica de sinterização, com um tamanho de 10 - 12,5 mm. A composição química do sinter foi W ($_{FeT}$)

= 55 - 56,5%, wFe O = 9 - 10,5%, wCaO = 9 - 10,5%, wMgO = 1,5 - 2%, WsIO2 = 4,5 - 5,5%. A basicidade do sinter estava na faixa de 1,8 a 2,3.

Preparação de amostras de sinterização

A imersão do sínter foi efectuada à temperatura ambiente. 2 kg de amostras de sínter foram colocadas em 2 litros de solução de determinada concentração ou CaCl2 pode ser pulverizado meia hora depois, as amostras de sínter foram removidas da solução e secas (105⁰ C, 4 horas). A concentração da solução de CaCl2 foi alterada de (0,30 % para 1,20 %). A massa total de sínter utilizada para os ensaios RDI e RI numa corrida foi de cerca de 30 kg.

Análise do RDI e RI do sínter

2 kg de amostras de sínter foram pulverizados com diferentes concentrações de CaCl2. O estudo adoptou o método JIs para determinar o RDI & RI do sínter. No teste RDI, cerca de 500 g de sínter foram reduzidos por gás redutor (Co 20%; Co2 20%; N2 60%) a 500⁰ C durante 60 min. O caudal total de gás foi de 15 litros / min. Depois disso, utilizou-se N2 como gás de proteção e o sinter foi arrefecido até à temperatura ambiente. Em seguida, o sinter foi colocado num pequeno tambor rotativo com uma velocidade de rotação de 30 rotações por minuto durante 10 minutos. Finalmente, o sínter foi peneirado por um crivo de orifício quadrado de 3,15 mm. A percentagem de sínter com tamanho inferior a 3,15 mm dividindo o total de sínter foi o RDI do sínter.

No ensaio RI, o sínter foi reduzido pelo gás redutor (CO 30 %, N2 70%) a 900° C durante 180 min. Durante os primeiros 20 minutos de redução, a alteração de massa foi registada de 3 em 3 minutos e depois de 10 em 10 minutos. Após 3 horas de redução, foi utilizado N2 e arrefecido à temperatura ambiente. O aparelho utilizado para a determinação do RI e do RDI do sínter é apresentado na figura.

Por fim, procedeu-se à análise química e calculou-se o RI do sinterizado

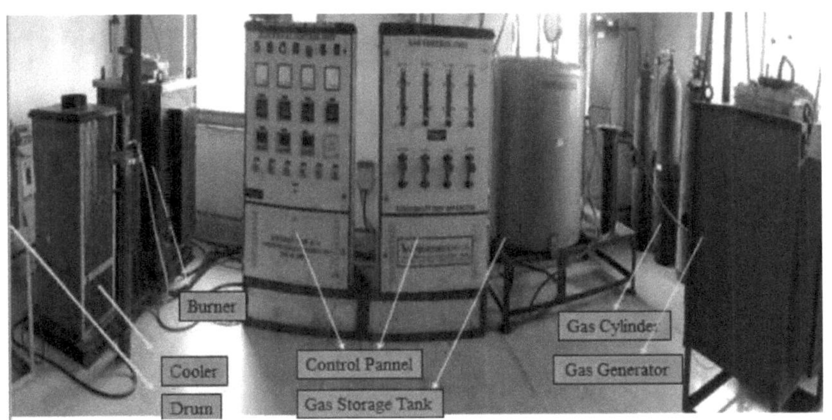

Aparelho para determinação do RI e RDI do sínter

Resultados e discussão

Os resultados experimentais da redução do sínter pulverizado com diferentes soluções com diferentes concentrações de CaCl2 estão tabelados na Tabela 2 e nas Fig. 4 e Fig. 5.

RDI e valor RI da amostra de sinterização em diferentes concentrações de CaCl2

% CaCl$_2$ concentration	RDI		RI	
	Before CaCl$_2$ spray	After CaCl$_2$ spray	Before CaCl$_2$ spray	After CaCl$_2$ spray
1.20	29.22	10.48	59.48	59.53
1.15	37.82	17.42	59.36	59.33
1.10	36.82	14.45	60.80	60.81
1.00	40.20	20.02	60.23	60.21
0.90	36.68	25.48	59.80	59.76
0.80	43.02	24.20	59.73	59.70
0.70	46.52	23.84	59.15	59.18
0.60	43.60	23.12	59.67	59.63
0.50	39.42	21.42	59.07	59.11
0.45	40.20	22.12	60.03	60.10
0.40	49.22	28.42	59.87	59.83
0.30	48.16	37.02	58.90	58.86

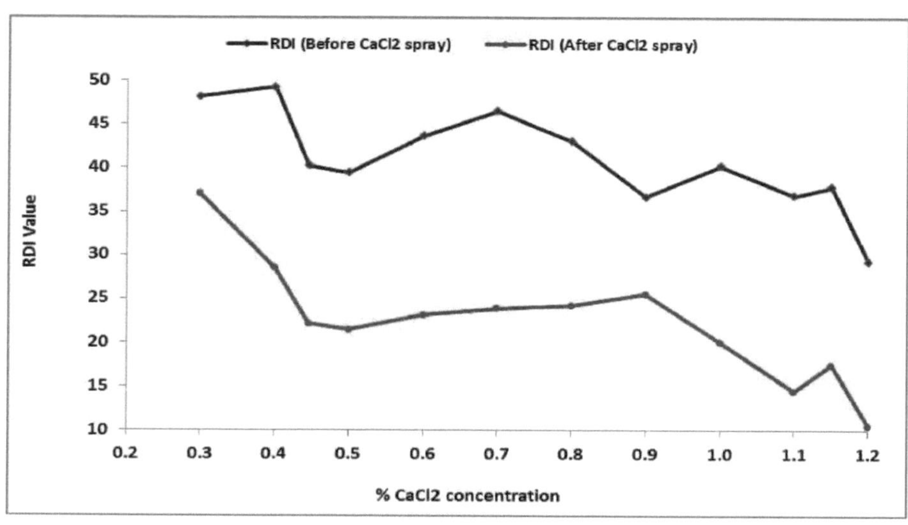

O efeito de diferentes concentrações de CaCl2 no valor RDI do sinterizado

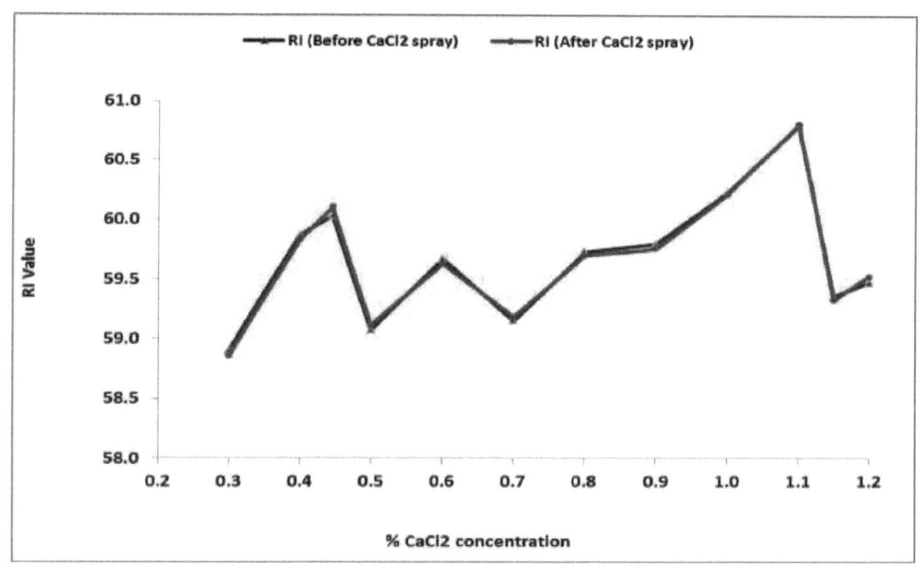

O efeito de diferentes concentrações de CaCl2 no valor RI do sinterizado

A partir da Tabela 2 e das Figs. 4 e 5, pode observar-se que, com o aumento da concentração de CaCl2, o RDI do sinter diminui sem afetar muito os valores correspondentes do RI. As amostras de sinterização com pulverização de CaCl2 apresentam um RDI inferior ao das amostras de sinterização sem camada de CaCl2. No caso de a concentração da solução de CaCl2 ser controlada em cerca de 0,9-1,0%, o RDI do sinter pode ser diminuído e o grau de redução mantém-se basicamente inalterado. Quando a concentração da solução de CaCl2 aumenta ainda mais, o RI do sínter não varia muito, mas o RDI do sínter diminui drasticamente. Quando a concentração é elevada, devido à volatização incompleta do CaCl2, que afecta a taxa de redução, o RDI do sínter é reduzido.

O sinter pulverizado com solução de CaCl2 na área sob redução a baixa temperatura de 500° C, o $CaCl_2$ pode ainda acumular-se na superfície do sinter. O resíduo bloqueia os microporos na superfície do sinter, o que prejudica a condição de contacto entre os gases de redução, limita a redução da hematite para a fase magnetite e reduz a tensão interna resultante da expansão das alterações cristalinas, pelo que o RDI é significativamente melhorado. Com o aumento da concentração de CaCl2, o número de microfissuras do sinter é evidentemente reduzido.

Conclusão

- Os resultados das experiências de redução do sínter pulverizado com diferentes concentrações de CaCl2 mostram que o CaCl2 pode reduzir o RDI do sínter sem afetar muito o seu RI.
- As amostras de sinterização com pulverização de $CaCl_2$ apresentam um RDI inferior ao das amostras de sinterização sem camada de CaCl2. No caso de a concentração da solução de CaCl2 ser controlada a cerca de 1%, o RDI do sinter pode ser diminuído e o grau de redução mantém-se basicamente inalterado.
- Quando a concentração da solução de $CaCl_2$ aumenta ainda mais, a RDI do sínter será restringida e a redutibilidade do sínter diminuirá drasticamente. Quando a concentração é elevada, devido à volatização incompleta do CaCl2, que afecta a taxa de redução, o RI do sínter é reduzido.

Referências

[1] . Loo C E., Mechanism of low temperature reduction degradation of Iron Ore Sinters, transactions of the Institution of mining and metallurgy, 1994, 103(2) : 126

[2] . Yang Hua-ming, Qiu Guan-zhou, Tang Ai-dong, Effect of CaCl2 on sinter RDI, Journal of central south university of technology, 1998, 29(3) : 229

[3] . Pimento H P, Seshadri V., characterization of structure of iron ore sinter and its behavior during reduction at low temperatures, Iron making and steelmaking, 2002, 29 (3), 169.

[4] . Hsieh Li-heng, Effect of Raw Material Composition on the sintering Properties, ISIJ International, 2005, 45(4) 551.

[5] . Ram Pravesh Bhagat, Improvement in Quality Parameters of Super-Fluxed Sinter from Indian Iron Ores: NML's Experience, Proc. XII Inter. Conf. sobre Tecnologia de Processamento Mineral (MPT-2011), Udaipur, Índia. 20-22 outubro, 2011.

[6] . Efeito de CaCl2 em RDI e RI de Sinter, Zhang Xu et. al., Journal of iron and steel research International, 2012, 17 (11), 07-11.

I want morebooks!

Buy your books fast and straightforward online - at one of world's fastest growing online book stores! Environmentally sound due to Print-on-Demand technologies.

Buy your books online at
www.morebooks.shop

Compre os seus livros mais rápido e diretamente na internet, em uma das livrarias on-line com o maior crescimento no mundo! Produção que protege o meio ambiente através das tecnologias de impressão sob demanda.

Compre os seus livros on-line em
www.morebooks.shop

Printed by Books on Demand GmbH, Norderstedt / Germany